LETTRE

A MONSIEUR

J. TH. MARQUAIS,

CHIRURGIEN A PARIS,

Auteur d'une Réponse au Mémoire de
M. MAGENDIE,

SUR LE VOMISSEMENT.

A PARIS,

Chez MÉQUIGNON-MARVIS, Libraire, rue de
l'Ecole de Médecine, n°. 9.

1813.

LETTRE

A MONSIEUR

J. TH. MARQUAIS,

CHIRURGIEN A PARIS,

Auteur d'une Réponse au Mémoire de M. MAGENDIE, *sur le Vomissement.*

MONSIEUR,

Tous ceux qui sont, autant que vous, attachés aux principes de la science médicale et de l'art de guérir, vous doivent des remercîmens pour avoir répondu victorieusement au *Mémoire sur le Vomissement,* publié par M. Magendie et accueilli par l'Institut le 1er Mars 1813; recevez les miens et mes félicitations.

L'Académie des Sciences et beaucoup d'autres sociétés savantes, ne vous auraient pas mis dans le cas de vous plaindre avec raison d'un Mémoire auquel elles auraient applaudi. L'on peut dire plus, si depuis le commencement de ce siècle, les savans avaient plus estimé la science, ils se seraient simultanément élevés contre la manie qu'ont les docteurs modernes, d'innover et de substituer, aux principes

1

reçus et confirmés par le temps , des hypothèses et des nouvelles combinaisons de syllabes qui n'appartiennent qu'aux esprits stériles , quoique cultivés. Certes, Monsieur, il en faut convenir, la mode des chimères n'aurait pas duré aussi long-temps , et les jeunes docteurs envieux d'atteindre le but desirable, qu'ils cherchent vainement, auraient été détournés nécessairement, par ceux qui connaissent la science, de la voie qu'on leur a fait prendre , et qui ne les conduit absolument qu'au pays d'Utopie.

Vous vous rappelez, sans doute, Monsieur , qu'Hippocrate se plaignait des sophistes de son temps , qui enseignaient aux jeunes médecins une fausse doctrine , d'après les suppositions qu'ils se permettaient d'émettre, à la place de la vérité, qu'ils ne pouvaient pas trouver.

Vous vous dévouez si généreusement , Monsieur, pour combattre les erreurs, source de tant de malheurs en médecine, qu'il n'est aucun ami sincère de l'humanité qui ne s'honore de vous aider dans une si noble entreprise. Quel est celui qui craindrait donc , dans une si belle circonstance, d'annoncer comme vous , aux savans distingués qui ne sont réunis que pour conserver et défendre les vrais principes des sciences, qu'ils nous forcent à rompre le silence ? Ne seraient-ils pas fondés à croire que celui qu'ont gardé jusqu'à ce jour les autres savans, placés près d'eux, ou sur différens points de l'Empire, serait une adhésion de leur part à l'approbation que reçoivent trop souvent de pures hypothèses, des idées hasardées, qu'un examen plus réfléchi démontre bientôt insoutenables? Les systêmes erronés qui en résultent, sont d'autant plus dangereux, qu'ils sont défendus par des raisonneurs captieux, qui ne connaissent pas cette logique traîtresse, qui interdit les adversaires, mais bien cette ténébreuse métaphysique qu'ils appellent analytique, et des discours amphigouriques, qui ne sont que des mots alignés pour tenir la place de faits avérés et de principes démontrés.

Malheureusement ces ennemis des sciences ne trouvent pas fréquemment des personnes comme vous, Monsieur, qui les signalent à l'opinion publique, pour arrêter les progrès du mal qu'ils peuvent faire parmi les faibles.

Avant de parler des opérations de la nature, il fallait au moins connaître les lois auxquelles sont soumises ses actions et le jeu des organes dans leur état ordinaire, pour mieux juger les dérangemens qui surviennent au plus léger écart spontané, ou qui arrivent par contrainte. Sans cette connaissance, il faut, comme l'a dit M. Magendie, page 15e de son Mémoire, se croire en droit de supposer l'état des choses; mais toute supposition est trop près de l'erreur; un tel voisinage ne peut, dans aucun cas, convenir à un médecin.... La médecine n'est pas un amas d'hypothèses, ni d'expressions cabalistiques; elle a ses principes, ses dogmes et sa langue, dont chaque mot a une signification bien arrêtée et fixée par l'acception que dans tous les siècles on leur a donnée unanimement, depuis Hippocrate jusqu'au commencement de notre délire révolutionnaire, temps où l'on voulait tout changer, jusqu'au langage connu et généralement reçu. S'il en était autrement, comme on voudrait nous le faire croire aujourd'hui, cette science si utile et cet art si noble, ne seraient bientôt plus, aux yeux de l'homme sensé, qu'une abstraction chimérique. *Medicina non est partus mentis humanæ, sed filia observationis et temporis.* BAGL.

J'ai lu, comme vous le voyez, Monsieur, le Mémoire sur le vomissement, le rapport qui y est joint, et votre réponse très-ménagée à M. Magendie, *infatigable et ingénieux* auteur de cette brochure. Malgré, comme le dit le rapporteur, que M. Magendie ait *intéressé la classe accoutumée à estimer ses talens et à apprécier ses découvertes*, je n'ai pas trouvé mieux que vous, les *preuves qui paraissent si matérielles et si irréfragables, qu'elles semblent avoir complètement le caractère d'une vérité de fait, et être désormais un point de doctrine à l'abri de toutes contestations.* Quel amphigouri! Voilà bien le moyen d'en imposer aux gens frivoles et aux crédules.

M. Magendie sait, sans doute, mauvais gré à son ami, son rapporteur auprès de l'Institut, de lui prêter en sus, une prétention qui ne convient à personne, car il a dit : « M. Magendie, en s'em-
» parant de ce sujet (le vomissement), avait résolu
» de le soumettre à des expériences suivies et pé-
» remptoires, qui le mettraient hors de litige, et

» en feraient un article classique dans les livres et
» dans les écoles. »

Ceux qui ont lu ce Mémoire sur le Vomissement, croyent difficilement que M. Richerand,
pour ajouter à tant d'éloges, ait promis de rapporter
dans son Traité de physiologie, les expériences de
M. Magendie, et leurs résultats, pour servir de
base aux connaissances de ce mouvement de la
nature, qui fait naître le vomissement; à moins que
ce professeur n'ait l'intention de substituer aux pré-
jugés en médecine, qu'il a voulu combattre et
vaincre, quelques-unes de ces nouveautés que la
politesse défend de qualifier, et que l'on ne peut
pas raisonnablement admettre, dût-on être compté
par M. Richerand, au nombre des médecins et
chirurgiens qui n'ayant point d'hôpitaux sous leur
direction, comme lui, ressemblent, dit-il, aux
statues de Nabuchodonosor, dont *il est parlé dans
l'Evangile* : non, c'est dans le pseaume, *In exitu
Israël de Egypto*, verset 13, 14 et 15.

Ce qui prouve que ce professeur n'a ni connaissance de l'Ecriture Sainte, ni exactitude dans ses
citations, on ne peut donc pas l'imiter sans s'exposer
au ridicule.

Il est glorieux pour un jeune médecin de faire,
dès le premier pas, des découvertes qui avaient
échappé à ses prédécesseurs; mais M. Magendie n'est,
comme vous le dites, que l'imitateur de quelques
physiciens et de quelques physiologistes qui, dès

le 17ᵉ et le 18ᵉ siècle, avaient fait ces mêmes expériences. (Voyez les *Mém. de l'Académie des Sciences
de Paris*, an 1700.)

A la page 11ᵉ de son Mémoire, M. Magendie
a dit : *les expériences de Wepfer sont récusables*,
parce qu'il se servait de poison à haute dose, et
que ces substances déterminaient, sur les matières
animales, un resserrement *qu'il aurait fallu distinguer
avec soin, de la contraction particulière de l'estomac.*

Pourquoi M. Magendie veut-il que l'on admette
plutôt ses expériences que celles de Wepfer ? La
manière de les faire est-elle différente, est-elle plus
exacte ? A-t-il moins torturé les animaux que ne
l'avoient fait ses prédécesseurs ? lors même qu'il
disséquait les muscles abdominaux, qu'il les in-
cisait, qu'il les rattachait ensuite par des sutures
faites avec du fil et une aiguille, qu'il déplaçait
l'estomac, ou qu'il l'enlevait pour lui substituer
une vessie de cochon contenant de l'eau, afin d'imiter
le vomissement, etc., etc., etc.

Est-ce ainsi que l'on peut imiter le vrai mode
qu'emploie la nature, quand elle fait vomir un
animal; et peut-on comparer des faits si peu ressem-
blans, on pourrait même dire si opposés ? Quelles
conséquences justes peut-on en tirer ?

Au reste, Monsieur, je me crois fondé, à mon
tour, à refuser toute croyance à M. Magendie.
Page 11 de son Mémoire; il blâme Wepfer de
n'avoir pas distingué avec soin *la contraction parti-*

culière de l'estomac ; et page 12 il n'en reconnaît plus ; il assure que pendant le vomissement , l'estomac ne se contracte pas , qu'au contraire, son volume devient triple. Quand on n'a pas de logique il faut au moins de la mémoire. M. Magendie a donc vu tout ce qu'il desirait appercevoir , ou plutôt il a imaginé tout ce qu'il fallait pour présenter une nouveauté. *Non fingendum , aut excogitandum , sed inveniendum quid natura faciat , aut ferat.* Ce précepte de Bacon est suivi par tous les enfans légitimes d'Hippocrate.

Votre réponse au mémoire sur le vomissement m'a rappelé , Monsieur , plusieurs idées que j'avais eues il y a plus de trente ans. Je me suis donc demandé comment on a osé affirmer aujourd'hui que le vomissement dépend des contractions seules des muscles abdominaux et du diaphragme ; comment on ne parle pas de la contraction forte des muscles de la poitrine , de ceux du cou , et de beaucoup d'autres , surtout pendant les vomissemens difficiles et violens ? Ces mêmes muscles abdominaux et le diaphragme ne se contractent-ils pas également pour aider l'expulsion du fœtus et des déjections dans l'éternuement ; et cependant il ne s'ensuit pas de vomissemens. Le cheval ne vomit pas , quoique l'émétique fasse contracter violemment ses muscles abdominaux ; et M. Lamorier (Voyez les *Mém. de l'Acad. des Sci. de Paris , an.* 1739) , attribue cette impossibilité de vomir dans laquelle est cet animal , à une valvule qu'il a à l'orifice supérieur du ventricule ; et ne peut-on pas croire que le grand volume de ce viscère, chez le cheval, empêche le rapprochement de ses parois et la contraction suffisante de ses membranes fibreuses, pour repousser par l'œsophage ce qu'il contient, et pour vaincre conséquemment la résistance qu'offre la valvule du cardia, quoiqu'il soit aidé par les muscles du ventre qui le compriment fortement pendant leur contraction.

M. Magendie doit savoir que, si l'estomac était passif, il ne jouirait pas d'un mouvement d'oscillation encyclique, ou de celui d'ondulation qui suit la direction des plans fibreux, comme on l'avait observé en 1704, et depuis peu d'années encore, à la suite d'une plaie faite à un officier, à l'épigastre, et dont il est parlé dans le Journal de médecine rédigé par M. Sédillot ; que conséquemment on ne peut pas dire *que le ventricule est un sac* ou *une poche*, ou *un receptacle inerte, puisqu'il se meut spontanément*, que ses parois s'étendent, s'élèvent ou s'abaissent dans plusieurs sens, ce qui le rend sensiblement dur ou souple au toucher, gonflé ou déprimé, même à jeun. En outre il est doué d'un sentiment qui lui est propre ; c'est ce qui a fait dire *que l'estomac est un animal dans un autre animal* ; il éprouve en effet des appétences et des répugnances que l'on appelle nausées, quand elles sont fortes ; il jouit donc éminemment du sentiment, du mouvement.

Comment, lorsque l'on connaît toutes les facultés ou les propriétés dont jouit l'estomac, le caractère et la structure de ses membranes, peut-on le regarder comme passif dans le vomissement, et attribuer cette évacuation exclusivement à la contraction des muscles abdominaux, du diaphragme, et à la compression qu'ils font éprouver à ce viscère; tandis que les mêmes contractions peuvent avoir lieu dans beaucoup d'autres circonstances, sans causer la moindre disposition à vomir. Si l'estomac et le pharinx n'étoient pas les instrumens propres du vomissement, pourroit-on l'exciter à volonté en touchant seulement un point du gosier, et comment le vomissement pourrait-il avoir autant de causes différentes ?

Il faut avouer que l'auteur de toutes choses, à qui rien n'est impossible, et qui a tout fait dans la perfection, a établi entre toutes les parties une relation si intime, qu'elles s'entr'aident toutes au besoin : *Unus consensus, consentientia omnia, etc.* HIPP. C'est cette coopération de toutes les parties, surtout de celles qui sont les organes du mouvement, que l'on appelle *action synergique*; c'est cette action qui est l'auxiliaire des viscères et des parties internes, dont les mouvemens sont insuffisans pour opérer un acte vigoureux.

La synergie appartient aux organes du mouvement, comme la sympathie existe entre les organes du sentiment. La synergie est donc apparente et manifeste dans l'éternuement, pendant l'expulsion des déjections, pendant les douleurs de l'enfantement, pendant le vomissement, chaque fois enfin qu'elle est excitée par la sympathie qui existe entre les parties internes et les parties externes, et qu'elle est provoquée, au moyen de cette faculté, par un organe interne qui a besoin de secours pour agir fortement et extraordinairement.

C'est donc pour soutenir les efforts qu'il faut faire dans le vomissement, que l'estomac appelle pour auxiliaires tous les organes du mouvement, avec lesquels il a les relations les plus prochaines. Si l'estomac était passif, comme le prétend M. Magendie, *d'après ses expériences*, et si les contractions seules des muscles abdominaux et du diaphragme procuraient le vomissement, les femmes en couches, les gens constipés, etc., vomiraient à chaque fois que ces muscles se contractent fortement; mais les choses se passent bien autrement.

Si M. Magendie avait consulté le docteur Briant-Robinson, et ce que dit ce savant médecin anglais de relatif au vomissement, il nous aurait appris des choses très-utiles; il renoncerait peut-être à son projet de faire un mémoire sur les vomitifs; car, pour le bien faire, il faudrait encore qu'il ne fût que servile imitateur.

Si les muscles abdominaux et le diaphragme sont les seuls instrumens du vomissement, comme l'assure M. Magendie, et si l'estomac est sans mouvement libre ou spontané, sans sentiment, et purement passif, comment se fait-il qu'une mauvaise odeur, même la réminiscence d'une évaporation fétide, la vue d'une substance très-répugnante, ou d'une personne qui vomit, le mouvement en voiture, la navigation, le vertige, le tournoiement, la respiration dans un air ambiant, grave, chaud et usé; l'usage des substances très-grasses ou huileuses, l'ivresse, la gloutonnerie, etc. etc., comment se fait-il, dis-je, que les nausées et le vomissement puissent être excités sans la participation de l'estomac, et sans quelque mouvement de sa part? L'on pourrait rappeler à M. Magendie que le tremblement fébrile se termine le plus souvent par le vomissement; ce qui doit beaucoup lui servir pour expliquer le vrai mécanisme de cette opération de la nature.

Il n'est pas un seul bon médecin qui ne connaisse l'intimité qui existe entre l'estomac et toutes les autres parties du corps; il en est peu, sans doute, même parmi ceux de la seconde classe, qui croient que les causes et le mécanisme du vomissement puissent être attribués à *la pression seule des muscles abdominaux et du diaphragme sur le ventricule.*

Que le desir d'offrir quelque chose de neuf pour les docteurs modernes, ait décidé M. Magendie à répéter des expériences que ses confrères ne connaissent pas, c'est un zèle fort louable; mais qu'il porte ses prétentions jusqu'à décider à son gré les questions dont il s'empare (Voyez p. 19 du Mém. *Cette expérience est décisive.*), et que ses amis, avantageusement placés pour être écoutés, soutiennent que ses décisions doivent faire loi (Voy. pag. 29 de la brochure), c'est alors que les savans s'élèveront contre lui et contre les partisans des erreurs qu'il publie.

Baglivi dont vous invoquez, Monsieur, l'autorité, avec raison, avait aussi pensé dans sa jeunesse que rien ne pouvait être plus utile pour s'assurer des causes des maladies, que des expériences, c'est-à-dire, des injections de diverses infusions dans les veines et dans les viscères des animaux vivans, l'excision de leurs viscères, etc. ; c'est ainsi qu'il s'expliquait au mois de décembre 1695. Il injecta donc dans la jugulaire d'un chien, non pas le même émétique dont s'est servi M. Magendie, mais l'acide sulfurique, qui fit vomir, frissonner et trembler aussitôt l'animal, qui saliva ensuite beaucoup, tomba par terre, respira difficilement, éprouva des convulsions, et mourut peu d'heures après.

Baglivi croyait avoir fait quelque chose d'utile, il s'en félicita. *Materiem hanc infundendi liquores in sanguinem sive intra vasa vivi animalis, à paucis, quod sciam tractatam video hoc seculo; imò ne traditam methodum recte instituendi tam necessariam infusoriam, a quâ morborum natura et curatio illustrari summoperè possent.* Mais ce savant était trop sagé pour oser prononcer affirmativement sur les résultats d'expériences semblables ; il desirait qu'une réunion d'érudits voulût bien s'en occuper, pour l'avancement de la science. *Fateor itaque, quod*

maximoperè conferret praxi medicœ, si ab aliquo eru-
ditorum cœtu experimenta hujus modi infusoria insti-
tuerentur, etc.

Ce médecin célèbre apercevait trop le vide que laissent de telles tentatives, pour s'en rapporter à son imagination ; il savait donc douter ; ce qui le prouve, c'est qu'il n'a jamais été que l'ami de la vérité, et c'est ce qui l'a rendu et le rendra toujours digne de l'estime de tous les savans.

Il avait encore tenté les effets de la teinture de cantharide injectée dans les jugulaires de deux chiens. Il avait remarqué que c'était la tête qui éprouvait les premiers et les principaux effets de la teinture injectée, et voilà les conséquences qu'il en tirait : *Exinde deduci poterit cantharides esse potissimum capiti noxias, adeoquè in morbis illius inflammatoriis et acutis summoperè ab eorum usu esse cavendum ; hoc tamen non est ita nudè statuendum, nisi centu-plex experientia rem magis confirmarit.* Néanmoins les médecins praticiens, malgré les résultats de cette expérience, font appliquer sur la tête des frénéti-ques, et dans d'autres cas, avec beaucoup de suc-cès, des vésicatoires.

Baglivi n'était donc pas aussi assuré que M. Magendie, des conséquences qu'on pouvait déduire de ces expériences, quoique faites avec soin ; aussi n'y tenait-il plus par la suite autant qu'il y était attaché en quittant les bancs de l'école ; car dès qu'il fut appelé auprès des malades, il paraît qu'il ne les regardait plus que comme des tours d'adresse et de vaines recherches pour satisfaire la curiosité : elles ne sont en effet pour des médecins, que ce que les gens sensés doivent appeler *juvenilia*.

L'on peut croire aisément que M. Magendie n'aurait pas tenté ses expériences, si l'institut n'avait pas déja applaudi à la répétition que M. Saisy a faite publiquement à Lyon, d'une expérience tentée en 1667, par Fracassati (le même qui, alors, soutenait que le sang tirait sa couleur rouge de l'air pendant la respiration), sur la membrane du larynx des poules ou autre volaille, et qu'il cautérisait faiblement avec de l'acide sulfurique étendu dans l'eau, avant de l'injecter dans le canal aérien. M. Saisy a produit les mêmes effets (l'enrouement) par les mêmes moyens ; il lui a plu d'appeler cette cautérisation *croup artificiel*. Cependant, quelle parité peut-il y avoir entre la cautérisation d'une membrane muqueuse, et une exsudation extraordinaire du mucus qu'elle fournit pendant le croup, et qui étant d'une mauvaise qualité, et rendu visqueux par le levain catarrhal qui l'infecte, devient promptement concret au lieu de rester fluide. Cependant l'institut s'est prononcé en faveur de M. Saisy ; il a applaudi à ses expériences faites sur des poules ; et cette cautérisation de la membrane muqueuse du larynx des volailles, doit désormais être appelée croup artificiel. *Sic voluere patres*. L'exemple entraîne sur-tout ceux qui ont la noble ambition de se distinguer ou de se faire remarquer. M. Magendie a donc eu l'espoir d'obtenir des éloges, aussi facile-

ment que M. Saisy, de la part de ceux qui n'en doivent cependant qu'au savoir réel ; et il a parfaite-
ment réussi.

Si M. Magendie lit jamais le précieux ouvrage
de Baglivi, mort à Rome en 1707, et qui a pour
titre : *De praxi Medicâ*, il verra que le premier
conseil que donne ce médecin illustre ne doit être
oublié dans aucun cas, et qu'il ne faut pas faire
violence à la nature, pour obtenir d'elle son secret
et autres actes de complaisance. *Medicus naturæ
minister et interpres, quicquid meditetur et faciat, si
naturæ non obtemperat, naturæ non imperat.* Les
autres avertissemens qu'il nous a laissés, prouvent
qu'il estimait que la pratique de la médecine n'a
rien de commun avec ce qu'on apprend en faisant
des expériences sur les animaux vivans. Aussi, dès
qu'il fut médecin d'un hôpital, il ne s'occupa plus
que de faire la juste application des préceptes du
père de la médecine ; et il avoue qu'il les a toujours
trouvés si conformes aux lois de la nature, qu'il a
dit que ce n'est pas Hippocrate qui parle. *Naturæ,
non hominis voce, loquitur Hippocrates, cui nec ætas
prisca, vidit parem in re medica, nec videbit futura,
nisi demum resipiscant medici, et minus imposterum
fictis animi sententiis tribuant, etc.*

Il est vraisemblable que Baglivi a été témoin que
ses contemporains voulaient déjà attaquer et changer la doctrine d'Hippocrate, quoique confirmée
par les tems, et qu'on écrivait beaucoup à cet effet.
Cependant la plupart de ces écrits ne sont pas très-

remarqués ; il n'y a que les jeunes docteurs d'aujourd'hui qui les tirent de l'oubli et qui les font
imprimer sous leurs noms, comme le faisaient à
Rome, en 1700, les néophytes qui voulaient être
connus avantageusement, en compilant les anciens
ouvrages, car on ne peut instruire les autres que
lorsqu'on a appris et que l'on sait bien. Voilà ce
que dit Baglivi. *Nullâ ætate tantá librorum copiâ
redundavit medicina, quam ætate nostrâ, et nulla
pariter tanta observationum practicarum inopia labo-
ravit, quàm presenti ; si nonnullos eorum diligenter
introspexeris, invenies profecto, vel molestam rerum,
antea dictarum repetitionem, vel malam mixturam,
veterum cum novis. Auctor novi libri, quia forsan ra-
tionum paupertate laborat, non veretur eas omnes,
quæ ab aliis cœteroquin doctis viris super idem argu-
mentum confirmandum, tuendumque expositæ fuerunt,
vitio vertere, ac redarguere, ut ita rei suæ pondus,
autoritatemque conciliet.... porrò notum esto juveni-
bus, se doctiorem librum non inventurum quam ægrum
ipsum.*

M. Magendie ne peut pas se plaindre de ces citations, elles doivent, au contraire, le consoler
(*solatio multorum est habere pares*), puisqu'elles lui
prouvent que, bien avant lui, on a voulu faire des
choses nouvelles, quelquefois assez bien imaginées,
et auxquelles il n'a manqué, pour être bien reçues
par les sages, que le sceau de la vérité et celui du
temps.

C'est pourquoi je desire que vous communiquiez

à M. Magendie, ainsi qu'à ses amis, les réflexions que j'ai l'honneur de vous adresser, et que vous pouvez faire imprimer, si vous croyez qu'elles puissent valoir quelque chose dans ce moment-ci.

Agréez, je vous prie, les sentimens d'estime et de la haute considération que je vous porte.

Monsieur,

Votre très-humble et obéissant serviteur,

TOURBAY, D. M. M.

Le 15 Septembre 1813.

P. S. Si M. Magendie et ses amis le desirent, je leur ferai le tableau des expériences tentées sur les animaux vivans ; s'ils veulent au moins prouver ou prononcer seulement sur les avantages qu'a pu retirer la pratique de la médecine de toutes ces manœuvres. Telles sont, par exemple, l'excision de la rate, la perforation d'une vertèbre cervicale, pour injecter dans le canal vertébral de l'eau acidulée par l'acide sulfurique, afin de faire trembler l'animal comme s'il avait un accès de fièvre commençant.

Je ferai avec plaisir ces recherches, quoique j'aie abandonné depuis long-temps ce qu'on appelle *doctrina cadaverosa, quia boni anatomici sunt infelices practici.* J'ai préféré le conseil de Duret, parce qu'il est très-bon , et je le suis depuis plus de trente-six ans.

Fremant licet omnes , dicam tamen quod sentio , majorem scientiæ et praxeos ubertatem comparari a studioso Hippocratis , uno die , quam ab istis pragmaticis , uno sæculo. DURET , *in c.*

J'engage M. Magendie à ne pas oublier ce précepte d'Hippocrate : *Experientia fallax judicium difficile.*